水利部公益性行业科研专项经费项目（201301033）

南京水利科学研究院出版基金

资助

山洪易发区水库致灾预警与减灾技术研究丛书

山洪易发区灾变及水库险情分类与判别指南

李铮　徐海峰　何勇军　李宏恩　编著

U0261928

中国水利水电出版社
www.waterpub.com.cn
·北京·

内 容 提 要

　　本书是《山洪易发区水库致灾预警与减灾技术研究丛书》之一，本书针对山洪易发区自然、社会、经济特点，以山洪易发区灾变特征为出发点，对水库可能产生险情及导致的灾害进行分类，并依灾害特点给出相应的判别标准，是山洪易发区水库减灾的基础。

　　本书可为水库工程管理单位和技术人员在开展水库大坝应急处置工作时提供参考和支撑。

图书在版编目（ＣＩＰ）数据

　山洪易发区灾变及水库险情分类与判别指南 / 李铮
等编著. -- 北京 ： 中国水利水电出版社，2016.10
　（山洪易发区水库致灾预警与减灾技术研究丛书）
　ISBN 978-7-5170-4817-6

　Ⅰ．①山… Ⅱ．①李… Ⅲ．①水库—防洪—指南
Ⅳ．①TV697.1-62

　中国版本图书馆CIP数据核字(2016)第247095号

书　　　　名	山洪易发区水库致灾预警与减灾技术研究丛书 **山洪易发区灾变及水库险情分类与判别指南** SHANHONG YIFAQU ZAIBIAN JI SHUIKU XIANQING FENLEI YU PANBIE ZHINAN
作　　　　者	李铮　徐海峰　何勇军　李宏恩　编著
出 版 发 行	中国水利水电出版社 （北京市海淀区玉渊潭南路 1 号 D 座　100038） 网址：www.waterpub.com.cn E - mail：sales@waterpub.com.cn 电话：(010) 68367658（营销中心）
经　　　　售	北京科水图书销售中心（零售） 电话：(010) 88383994、63202643、68545874 全国各地新华书店和相关出版物销售网点
排　　　　版	中国水利水电出版社微机排版中心
印　　　　刷	三河市鑫金马印装有限公司
规　　　　格	170mm×240mm　16 开本　2.75 印张　38 千字
版　　　　次	2016 年 10 月第 1 版　2016 年 10 月第 1 次印刷
印　　　　数	0001—2000 册
定　　　　价	**16.00 元**

前　言

　　本指南是在水利部公益性行业科研专项经费项目"山洪易发区水库致灾预警与减灾关键技术研究"（201301033）的基础上，通过对山洪易发区水库致灾及灾变过程的研究，依据山洪易发区水库灾变过程的特点，提出了针对山洪易发区水库险情分类及判别内容的工作方法，主要用于对山洪易发区水库险情调查时使用，为进一步采取相应的措施提供指南。

　　本指南主要内容包括如下几个方面：

　　（1）山洪易发区水库防洪能力现状评价。介绍了山洪易发区水库防洪评价技术及流程，以及山洪易发区现状防洪能力评价及危险区等级划分方法。

　　（2）山洪易发区水库险情特征及等级。介绍了山洪易发区灾变条件下水库险情特征、表现及险情分类方法。

　　（3）山洪易发区水库险情判别及方法。介绍了山洪易发区水库险情判别内容、方法和步骤等。

　　（4）山洪易发区水库险情分类与判别实例。举例介绍了山洪易发区水库险情分类和判别方法。

　　本指南编制是在水利部国际合作与科技司指导下完成的，建设与管理司、国家防汛抗旱总指挥部办公室、水利部大坝安全管理中心等有关司局机构为本指南的完善提出了很多有益建议，海南省水利厅、云南省水利厅、海南松涛水库管理局等单位为本指南示范区实施提供了大量帮助，在此一并表示感谢！

　　本指南的出版得到了水利部交通运输部国家能源局南京水利科学研究院和中国水利水电出版社的大力支持和资助，谨表深切的谢意。

由于水库大坝应急处置技术的不断进步，并受限于作者水平，指南中难免存在不妥之处，恳请读者批评指正。

作者
2016 年 7 月

目　录

1 总则

山洪是引发山洪易发区水库致灾最主要的因子，其主要表现形式是滑坡、坍塌、裂缝等。本指南针对山洪引发的水库险情进行分类与判别，用于山洪易发区水库险情调查时使用。

（1）本指南适用于山洪易发区中小型水库的险情分类。

（2）山洪易发区灾变是指山洪引发的突然、迅速和灾害性的事件。

（3）本指南用于山洪易发区水库险情调查时，根据山洪易发区灾变条件下水库险情特征、表现进行水库险情分类，并对山洪易发区水库险情进行判别。

（4）通过对山洪易发区水库致灾及灾变过程研究，提出了针对水库险情分类及判别的工作方法，主要用于对山洪易发区水库险情调查时使用，为进一步采取相应的措施提供指南。

（5）山洪易发区灾变及水库险情分类是预先在灾害或灾难以及其他需要提防的危险发生之前，根据以往总结的规律或观测得到的可能性前兆，向相关部门发出紧急信号，报告危险情况及其程度，以避免灾变在不知情或准备不足的情况下发生，从而最大程度地减少危害造成损失所进行的档次划分。

（6）根据山洪易发区水库灾变过程的特点，结合现场询问、查勘、检测、资料分析等手段，掌握山洪易发区水库险情特征，全面分析和评价山洪易发区水库灾变后险情状态，并依据指南进行分类。

（7）本指南的引用文件、标准主要包括如下内容：

1)《全国中小河流治理和病险水库除险加固、山洪地质灾害防御和综合治理总体规划》，全国山洪灾害防治项目组，2012 年。

2）《山洪灾害分析评价方法指南》，全国山洪灾害防治项目组，2015 年。

3）《山洪灾害调查技术要求》，全国山洪灾害防治项目组，2014 年。

4）GB 50201—2014《防洪标准》。

5）SL 551—2012《土石坝安全监测技术规范》。

6）SL 601—2013《混凝土坝安全监测技术规范》。

7）SL 44—2006《水利水电工程设计洪水计算规范》。

8）SL 258—2000《水库大坝安全评价导则》。

9）SL 537—2011《水工建筑物与堰槽测流规范》。

2 山洪易发区水库防洪能力现状评价

2.1 山洪易发区水库防洪能力评价技术流程

山洪易发区防洪能力评价包括工作准备、设计暴雨计算、设计洪水分析、分析评价和成果整理 5 个阶段。

2.1.1 工作准备

进行山洪易发区水库防洪能力评价时，应根据山洪现场调查及当地防洪减灾、地区发展规划等实际需求，筛选和确定分析评价水库，主要针对溪河洪水影响的水库对象进行，不包括滑坡、泥石流以及干流对支流产生明显顶托等情形。

对基础资料（包括基础数据和工作底图、小流域属性数据、评价对象的控制断面、成灾水位、水文气象资料、糙率取值资料、沟/河道纵比资料等）进行评价，根据资料的配套性、一致性、完整性，并结合当地实际技术条件以及国家和地方关于山洪易发区灾变评价的具体需求，选择合适的分析计算方法，以便最大限度地提供分析评价的信息。

2.1.2 设计暴雨计算

设计暴雨计算所涉及的小流域指山洪易发区防灾对象控制断面以上或以其水库为出口的完整集水区域。设计暴雨计算是无实测洪水资料情况下进行设计洪水计算的前提，也是确定预警临界雨量的重要环节。

1. 暴雨历时分析

暴雨历时分析是根据流域大小和产汇流特性，确定小流域设计暴雨所需要考虑的最长暴雨历时及其典型历时。暴雨历时分析包括流域汇流时间、常规标准历时和自行确定历时 3 类。

流域汇流时间是反映小流域产汇流特性最为重要的参数，作为小流域设计暴雨计算所需要考虑的最长历时。确定流域汇流时间时，应基于前期基础工作成果提供的小流域标准化单位线信息，选定初值，再结合流域暴雨特性与下垫面情况，综合分析后确定。

常规设计暴雨洪水要求的 10min、1h、6h、24h 4 种标准历时，应作为分析评价设计暴雨的典型历时。

结合小流域暴雨的特性，应增加设计暴雨的暴雨历时。

2. 暴雨频率

分析评价计算暴雨的频率为 5 年一遇、10 年一遇、20 年一遇、50 年一遇、100 年一遇 5 种。

3. 设计雨型

采用各地现行暴雨图集、水文手册、中小流域水文图集、水文水资源手册等推荐雨型。有资料的地方，也可采用典型场次资料分析。

4. 计算方法选择

应当根据流域特性和资料条件，对照指定的暴雨频率和降雨历时，分析计算相应的时段雨量和设计雨型。

（1）时段雨量。按以下方法计算：

1）在雨量观测资料短缺或无资料地区，可根据所在地区的暴雨图集、水文手册等基础性资料或经过审批的各种降雨历时点暴雨统计参数等值线图，查算各种历时设计暴雨雨量；或者根据暴雨公式进行不同降雨历时设计雨量的转化。

2）在观测资料充分的地区，可以利用当地雨量观测系列推求暴雨统计参数，并运用当地以及全国性暴雨图集和水文手册作为参证，以评价当地资料计算统计参数的合理性，并作适当修正。

3）如果小流域所处地区雨量站网较密，观测系列又较长，可以直接根据设计流域的逐年最大面雨量系列作频率分析,以推求流域的时段雨量。

4)时段雨量为面雨量,对面积较小的小流域,可以点雨量代表面雨量,不需要进行点雨量与面雨量的置换。如果流域面积较大,可用相应历时的设计点雨量和点面关系间接计算时段雨量。

(2)设计雨型。采用时段雨量序位法、百分比法两种方法计算,具体计算方法见《水利水电工程设计洪水计算规范》(SL 44—2006)附录 B.1。

5.成果要求

提供小流域的设计暴雨成果,包括相关雨量站各时段雨量的均值 $\overline{H}$、变差系数 C_v、C_s/C_v 和各时段相应频率的雨量值 H_p 等(见附表 1),以及小流域汇流时间设计暴雨时程分配表(见附表 2)。

2.1.3 设计洪水分析

设计洪水分析中,假定暴雨与洪水同频率,基于设计暴雨成果,以河道控制断面或水库断面为计算断面,进行各种频率设计洪水的计算和分析,得到洪峰、洪量、上涨历时、洪水历时四种洪水要素信息,再根据控制断面的水位流量关系,将洪峰流量转化为相应水位,为现状防洪能力评价、预警指标分析提供支撑。

1.净雨分析

根据小流域设计暴雨成果,扣除损失,得到净雨。扣除损失应基于 5 种典型暴雨频率对应的以小流域汇流时间为历时的设计暴雨的时程分配成果进行,得到相应的净雨时程分配成果。

2.洪水频率

洪水频率与暴雨频率对应,即 5 年一遇、10 年一遇、20 年一遇、50 年一遇、100 年一遇 5 种。

3.洪水计算方法

根据流域水文特性、下垫面特征和资料条件,选择各地水文手册规定方法和分布式水文模型方法进行设计洪水计算。可以采用推理公式法、经验公式法计算设计洪水洪峰流量;当资料条件允许时，应当采用流域水文模型法分析。

选择方法时，遵循以下原则：

（1）推理公式法和单位线法。参照《水利水电工程设计洪水计算规范》（SL 44—2006）的要求进行。

（2）经验公式法。根据各地的水文手册等，选择尽可能全面反映洪峰流量与流域几何特征（集水面积、河长、比降、河槽断面形态等）、下垫面特性（植被、土壤、水文地质等）以及降雨特性之间相关关系的经验关系式，进行设计洪水计算。

（3）流域水文模型法。当流域面积较大、产流和汇流条件空间差异较大，或者包含坡面型、区间型等特性类型小流域时，可以将流域划分成几个计算单元，分别进行产流和汇流计算，再经河道演算叠加后，作为河道控制断面或水库断面的设计洪水。

（4）各地如有符合当地情况的算法，也可使用，但应在相关报告中详细说明。

4．水位流量关系计算

采用水位流量关系或曼宁公式等水力学方法，将河道控制断面或水库断面设计洪水洪峰流量转换为对应的水位，绘制水位流量关系曲线。具体可参照《水工建筑物与堰槽测流规范》（SL 537—2011）比降面积法进行计算。

如有实测的相关资料或成果，应优先采用。

比降和糙率是水位流量转换的重要参数，二者的确定原则和方法如下。

（1）比降。

1）如果河道断面或水库断面上下游有历史洪水洪痕的沿程分布资料，以洪痕确定水面线，采用洪痕水位线比降作为水位流量转换中的比降。

2）如果有近年来洪水发生的洪水水面线，采用该水位线比降作为水位流量转换中的比降。

3）如果有中小洪水发生时的实测水面线，采用该水面线比降作为水位流量转换中的比降。

4）如果没有水面线信息，可采用水库上游河床比降作为水位流量转换中的比降。

以上四种方法中，如果资料条件允许，应优先采用第1）、2）种方法，然后采用第3）种方法，第4）种方法为无资料时采用。

（2）糙率。

1）参照河流的沟道形态、床面粗糙情况、植被生长状况、弯曲程度以及人工建筑物等因素确定。

2）如果有实测水文资料，应采用该资料进行推算，确定水位流量转换中的糙率。

3）如果无实测水文资料，应根据沟道特性，参照天然或人工河道典型类型和特征情况下的糙率，确定水位流量转换中的糙率。

5. 合理性分析

采用以下方式，进行设计洪水的合理性分析：

（1）与历史洪水资料或本地区调查大洪水资料进行比较分析。

（2）与本地区实测洪水资料成果进行比较分析。

（3）与气候条件、地形地貌、植被、土壤、流域面积和形状、河流长度等方面均高度相似情况的设计洪水成果进行比较分析。

（4）采用多种方法进行分析计算，比较分析所有成果。

6. 成果要求

提供分析评价对象控制断面各频率（重现期）设计洪水的洪峰、洪量、上涨历时、洪水历时等洪水要素以及控制断面各频率洪峰水位等信息。

2.1.4 分析评价

分析评价工作是基于山洪易发区小流域设计洪水计算成果进行的，主要包括防灾对象的防洪能力现状评价、危险区等级划分、预警指标分析3项工作。

防洪能力现状评价采用频率分析或插值等方法，分析成灾水位对应洪峰流量的频率，运用特征水位比较法，分析评价防灾对象的现状防洪能力。

采用频率法确定危险区等级，并统计各级危险区内的人口、房屋等基本信息。

降雨量预警指标可采用经验估计、降雨分析及模型分析等方法进行分析确定。基本方法是根据成灾水位反推流量，由流量反推降雨。重点通过分析成灾水位、预警时段、土壤含水量等，计算得到防灾对象的临界雨量。根据临界雨量和预警响应时间综合确定雨量预警指标，并分析成果的合理性。水位预警指标采用上下游相应水位法或成灾水位直接分析确定。

2.1.5   成果整理

汇总整理山洪易发区小流域设计暴雨以及防灾对象设计洪水、现状防洪能力评价、危险区等级划分、预警指标分析等成果，检查核实成果数据前后的一致性与合理性。将检查核实后的各项成果，填入技术要求成果表，为防灾对象绘制相应的图件，包括现状防洪评价图、危险区图、预警雨量临界线图。

2.2   山洪易发区水库防洪能力分类

山洪易发区水库防洪现状评价是在设计洪水计算分析的基础上，获得水库控制断面处的水位流量关系曲线等关键信息，进而分析防灾对象的现状防洪能力，进行山洪易发危险区等级划分，为山洪易发区防御预案编制、人员转移、临时安置提供支撑。其主要任务包括水库的防洪能力现状评价和水库危险区等级划分。

山洪易发区水库现状防洪能力分析主要内容是防灾对象成灾水位对应洪峰流量的频率分析，并根据需要辅助分析沿河道路、桥涵、沿河房屋地基等特征水位对应洪峰流量的频率，统计确定致灾水位、各频率设计洪水位下的累计人口和房屋数，综合评价现状防洪能力。

危险区等级划分的主要内容则是根据洪水发生频率这一关键信息，并参照水库及其控制断面水位流量关系类型等信息，将分析计算获得的危险区划分为极高危险、高危险、危险 3 个等级。

2.3 山洪易发区现状防洪能力分析方法

2.3.1 致灾水位对应的洪水频率分析

现状防洪能力以致灾水位对应流量的频率表示，致灾水位由现场调查测量确定。

具体分析方法为：采用水位流量关系或曼宁公式等方法，求出致灾水位对应的洪峰流量，进而根据频率分析法或者插值法等方法，确定该流量对应的洪水频率，即得到现状防洪能力评价的核心信息之一。

根据水库的具体情况，可分析其他特征水位（如正常蓄水位、校核洪水位等）对应的洪峰流量，采用频率分析法或者插值法等方法，确定各特征水位流量对应的洪水频率，并与致灾水位对应流量的频率进行比较和分析，以便为水库提供更多的参考信息。

采用曼宁公式将致灾水位和其他特征水位转化为对应的流量时，需按照水位流量关系分析的原则和方法确定比降和糙率。

2.3.2 现状防洪能力分析

进行现状防洪能力确定时，应当具体开展以下 3 项统计分析工作：

（1）根据现场调查的水库分布，确定致灾水位及下游累计人口和房屋数。

（2）根据现场调查的水库下游人口高程分布关系，统计各频率设计洪水位下的累计人口和房屋数。

（3）编制防洪能力现状评价图，图中应包括水位流量关系曲线，各特征水位及其对应的洪峰流量和频率。

在进行水库防洪能力分析时，如果有多条河流影响，其防洪能力应以洪水发生概率较大的河流为主进行评价。

在此基础上，根据防洪现状评价图，结合控制断面水位流量关系特点，综合确定水库的现状防洪能力。

2.4 山洪易发区危险区等级划分

2.4.1 危险区范围的确定

一般而言，危险区范围为最高历史洪水位和设计洪水位中的较高水位淹没范围以内的居民区域。如果进行可能最大暴雨（PMP）、可能最大洪水（PMF）计算，可采用其计算成果的淹没范围作为危险区。

2.4.2 危险区等级划分方法

采用洪水频率指标对危险区进行危险等级划分，具体标准为：根据 5 年一遇、20 年一遇（或最高历史洪水位，或 PMF 的最大淹没范围）的洪水位，确定危险区等级，结合地形地貌情况，划分对应等级的危险区范围。危险区等级划分标准见表 2-1。

表 2-1　　　　　　　　危险区等级划分标准

危险区等级	洪水重现期	说明
极高危险区	小于 5 年一遇	属较高发生频次
高危险区	大于等于 5 年一遇，小于 20 年一遇	属中等发生频次
危险区	大于等于 20 年一遇至历史最高（或 PMF）	属稀遇发生频次

3 山洪易发区水库险情特征及等级

3.1 山洪易发区水库险情特征

山洪易发区水库灾变险情主要包括洪水漫顶、裂缝、滑坡、渗漏等。

1. 洪水漫顶

洪水漫顶在土石坝失事中所占比例较高，造成洪水漫顶的因素主要有：水文资料短缺造成洪水设计标准偏低；泄洪能力不足；库区淤积造成库容减小。此外，施工质量、管理运行也直接影响着大坝的防洪能力。

2. 裂缝

坝体裂缝是水库大坝灾变的最常见现象，大坝裂缝根据分布形式，又可分为纵向裂缝、横向裂缝、弧形裂缝以及其他裂缝。土石坝中常出现成组的纵向裂缝，一般近对称地分布在坝顶及其上下游两侧。坝体的另一种常见裂缝是横向裂缝，即垂直于坝轴向的裂缝。由于坝体在不均匀沉陷变形时，坝体会产生横向裂缝。坝体的弧形裂缝是一种滑坡裂缝，在山洪发生后有可能发展成为坝体滑坡。

3. 滑坡

土石坝坝坡抗滑力不足以抵抗滑动力，就可能发生滑坡或崩塌。在滑坡初期，常常先在坝体出现纵向裂缝，随之不断扩展成为弧形裂缝，同时在滑坡体下部坝面或坝脚出现带状隆起或变形，然后产生坝体滑坡。山洪发生后，常常伴随浸润线上升并在下游坡较高部位逸出，增大了土体的滑动力，易于产生坝体滑坡。土石坝出现滑坡后大坝挡水断面变小，甚至破坏防渗体，危及大坝安全，引起大坝溃决。

4. 渗漏

坝体渗漏出逸点位于下游坝坡，则可能在坝内形成贯通的渗漏通道，随着渗漏不断带走坝体土颗粒，从而使渗漏通道不断加大，造成管涌流土等，最终使坝体溃决。坝体出现贯穿裂缝、坝肩和坝基基岩松动、泄放水设施的四周出现裂缝等，都会导致下游渗水量增大或出现渗漏，造成渗透破坏。

3.2　山洪易发区水库险情等级

3.2.1　山洪易发区水库险情等级分类

险情等级依次划分为溃坝险情、高危险情、严重险情（亦称次高危险情）、一般险情。

（1）溃坝险情。是指山洪易发区水库大坝及其主体工程发生漫溢、出现较大贯穿性裂缝、上下游坝坡大面积滑坡、大流量集中渗流等情况，短期内可能导致垮坝的险情。

（2）高危险情。是指山洪易发区水库及其主体工程发生上述险情，可能直接影响大坝及主要建筑物安全的险情。

（3）严重险情。是指山洪易发区水库及建筑物发生一般险情，但不影响主体工程安全运行的险情。

（4）一般险情。是指山洪易发区水库出现轻微渗漏问题、大坝及其他主体工程建筑物出现轻微的变形与沉陷，对水库及主体工程建筑物运行基本无影响的险情。

3.2.2　山洪易发区水库险情表现

导致险情发生的因素很多，而这些因素之间往往又相互关联。水库险情的产生是一个动态过程，各种险情对水库大坝安全的影响程度也各不相同，不同类别险情主要表现如下。

（1）洪水类险情。主要是坝高达不到防洪标准的要求，泄洪能

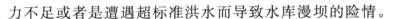

力不足或者是遭遇超标准洪水而导致水库漫坝的险情。

（2）渗流类险情。主要是指水库大坝的坝体或坝基发生渗流破坏而出现的险情。

渗流类险情通常有以下 3 种情况：

1）渗漏，坝脚有观测渗流量量水堰的，应根据堰上水量判断坝体渗流量是否正常。

2）漏洞，当水库有一定库水位条件时，大坝的背水坡及坡脚附近出现横贯坝身或基础的渗流孔洞。

3）管涌和流土，管涌和流土一般发生在背水坡坝脚附近，多呈孔状出水口，冒出黏粒或细砂。

渗流险情产生的根源是大坝发生了渗透破坏，判断渗流险情对大坝安全的影响，一方面要看渗漏是否继续发展，是否有渗流量增大、夹带泥沙等；另一方面要看渗漏是否危及大坝安全，有无失事的可能。

（3）结构类险情。主要是指坝体发生异常变形而出现的险情。

结构类险情通常有以下 4 种情况：

1）大坝裂缝。大坝裂缝对坝体的危害主要反映在渗流破坏、滑坡及结构破坏等方面。大坝裂缝险情等级主要从裂缝的走向、宽度、深度、发展变化程度、与渗流危害关联度、与滑坡危害关联度方面划分。

2）塌坑。塌坑是坝身或坝脚附近突然发生局部凹陷的现象。塌坑险情等级主要从坑内是否有水、塌坑的大小、深度、发展变化程度、与其他险情关联等方面划分。

3）滑坡。滑坡是坝坡失稳发生滑动的现象。滑坡险情的划分要根据滑坡类型（浅层滑坡和深层滑坡）、范围、位置、发展趋势及其他险情综合考虑。

4）风浪破坏。土坝临水坡遭受风浪冲击破坏。风浪破坏的划分标准要根据破坏的程度、是否会造成坍塌险情、是否会使坝身遭受严重破坏来判断。

（4）输泄水建筑物类险情。溢洪道边坡及导墙不稳，将可能导致在大洪水泄流时，冲毁边坡和导墙。两岸山体滑坡，滑坡体堵塞溢洪道或进水口，使其过水能力降低，将会导致洪水漫顶险情。输水隧洞险情主要是输水隧洞、涵管出险和金属结构发生险情，主要包括渗漏、堵塞、塌陷、断裂、启闭机失灵、闸门变形、钢丝绳断裂、闸门过水等。

4 山洪易发区水库险情判别及方法

针对可能影响水库溃坝的洪水、坝体裂缝、坝体滑坡、渗透、坝体变形、近坝岸坡失稳、溢洪道结构破坏、启闭设施损坏等方面的危害进行险情评估和判别，得到水库险情类别等级。

4.1 山洪易发区水库险情判别内容

4.1.1 土石坝险情判别内容

土石坝的主要灾变类型为裂缝、滑坡、渗漏和垮塌，其出险部位主要集中在大坝、溢洪道、放水设施和其他附属设施。详细的分类情况如下。

大坝：上游坝坡、下游坝坡、坝顶、坝脚、排水棱体、防浪墙、马道、排水沟、大坝位移、渗漏等观测设施。

溢洪道：溢洪道边墙、溢洪道边坡、溢洪道闸房和闸门、启闭设施、消力池等。

放水设施：放水卧管、放水涵管、放水塔、放水竖井、放水闸阀、放水闸门、闸房、闸墩、启闭机螺杆、电机、线路及动力设施等。

附属设施：防汛抢险公路、管理房屋、围墙、临时看守棚、通信设施、通信线路等。

4.1.2 混凝土坝险情判别内容

混凝土坝及其他水工混凝土建筑物结构如闸墩、溢洪道、泄洪洞、电站厂房等的主要震害是混凝土裂缝。

裂缝的检测方法分为初查和详查两个步骤：初查一般根据裂缝在表面的暴露情况，观察或采用简单的工具测量其表面特征（长度、宽度）；详查时主要对裂缝形态、张开伸展路径、张开宽度变动、裂缝深度等进行检查。

4.2 山洪易发区水库险情判别准则

4.2.1 洪水险情判别

防洪标准不足或遭遇超标准洪水是引起山洪易发区水库大坝溃决的常见原因，通过计算水库将达到的水位与设计洪水位、校核洪水位进行比较判断，判别水库洪水险情等级，评级准则见表4-1。

表4-1　　　　　　　　　洪水险情评级准则

病险状态	评级标准
溃坝险情	所在流域发生超标准洪水（或上游水库溃坝洪水），水库水位达到或超过校核洪水位，实测或预测继续上涨，最高水位可能超过坝顶
高危险情	所在流域可能发生超标准洪水（或上游水库溃坝洪水），水库水位达到或超过设计洪水位，实测或预报继续上涨，但最高水位不会超过坝顶
严重险情	所在流域可能发生较大洪水（或上游水库泄洪），水库水位达到或超过设计洪水位（或历史最高水位），实测或预报上涨，但最高水位低于校核洪水位
一般险情	无上述明显的洪水威胁特征，只是受到历史出现过的一般性洪水威胁

4.2.2 裂缝险情判别

裂缝险情以现场检查探查为主，也可结合变形监测资料分析，或采用倾度法和有限元法的变形裂缝分析结果加以判别，其中重点关注裂缝对结构完整性、稳定性和渗流安全的危害程度，评级准则见表4-2。

表 4-2	裂缝险情评级准则
病险状态	评级标准
溃坝险情	裂缝数量多、规模大，已经影响结构完整、稳定和渗流安全，严重危害大坝安全
高危险情	裂缝数量、规模较大，明显影响结构完整、稳定和渗流，威胁大坝安全
严重险情	限于局部、浅层，数量、规模有限，对结构完整性有一定影响，不危及大坝安全
一般险情	只是发现一些轻微裂缝现象，未发现因裂缝危害大坝安全的典型条件

4.2.3 坝体滑坡险情判别

大坝滑坡险情主要通过计算坝坡或两岸滑坡抗滑稳定最小安全系数确定，也可通过现场检查发现的滑坡破坏迹象，如隆起、裂缝等显著特征进行判别，评级准则见表4-3。

表 4-3	坝体滑坡险情评级准则
病险状态	评级标准
溃坝险情	计算坝坡稳定安全系数远小于设计值或规范值，或者小于1，现场检查已出现滑坡体上缘塌陷、下缘隆起、裂缝错位等典型滑坡现象，且滑坡规模较大
高危险情	计算坝坡稳定安全系数低于设计值或规范值，现场检查有明显异常变形和滑坡迹象，且观测有发展趋势，但规模有限
严重险情	计算坝坡稳定安全系数不满足设计要求或规范要求，现场检查有明显异常变形，存在滑坡可能，但可能滑坡范围仅限于局部
一般险情	计算坝坡稳定安全系数满足设计要求或规范要求，检查无异常变形或滑坡迹象，只是从一些相关情况中出现的滑坡担忧

4.2.4 渗漏险情判别

渗漏险情以现场检查为主，也可以通过防渗设计、施工质量和运行表现综合分析，还可以通过观测资料、数值计算分析和隐患探测等方法进行评判。重点关注防渗体、反滤体的破坏，重要部位渗流压力的异常升高，管涌、流土等渗透破坏的典型表现，渗流量持续增大或夹带泥沙等情况，评级准则见表4-4。

表4-4 渗漏险情评级准则

病险状态	评级标准
溃坝险情	管涌、流土等破坏现象显著，渗漏量大且持续或夹带泥沙，大面积散浸
高危险情	管涌、流土等现象基本形成，渗漏量较大且有增大趋势，散浸面积较大
严重险情	有明显渗流异常迹象，渗流压力或渗流量在局部已不能满足安全要求
一般险情	轻微、初步的异常迹象，检查监测结果反映大坝渗流无明显异常

4.2.5 坝体沉陷险情判别

坝体沉陷主要表现为坝顶下降或坝面下陷，具体评级准则见表4-5。

表4-5 坝体沉陷险情评级准则

病险状态	评级标准
溃坝险情	坝顶下降较大，若不进行应急除险，将影响坝体安全
高危险情	坝体内部有沉陷裂缝产生，并且坝顶沉陷较大，并未影响坝体稳定性
严重险情	坝体内部有一定数量的沉陷裂缝产生，坝顶下沉，沉陷量微小，通过肉眼无法判别
一般险情	坝体内部有少量沉陷裂缝产生，裂缝发展缓慢，对坝体安全不能产生影响

4.2.6 近坝岸坡险情判别

近坝岸坡受水流冲刷、降雨等因素影响，会导致边坡土体失稳、垮塌，影响水库大坝安全，评级准则见表4-6。

表 4 - 6 近坝岸坡险情评级准则

病险状态	评级标准
溃坝险情	近坝岸坡表面有大面积翻起、坍塌、架空等现象，已造成表面土体流失严重，边坡有冲垮的倾向
高危险情	近坝岸坡表面有大面积翻起、坍塌、架空等现象，垫层土体流失严重，表面土体流失
严重险情	近坝岸坡有一定面积翻起、松动、坍塌、架空等现象，造成垫层部分边坡土体流失
一般险情	满足设计要求，但局部有裂缝、滑坡产生

4.2.7 泄洪隧洞险情判别

泄洪隧洞以控制段（闸门、启闭设施）、洞体作为险情判别的主要对象，评级准则见表 4 - 7。

表 4 - 7 泄洪隧洞险情评级准则

病险状态	评级标准
溃坝险情	多数闸门变形严重，不能正常开启，严重影响坝体的稳定性；启闭设施重要部分已严重损坏，无法正常控制闸门；洞体产生大量环向裂缝，纵向裂缝长多短少，渗漏严重，局部有坍塌现象，不能发挥其功能
高危险情	少数闸门锈蚀，变形，起落困难，不能满足泄洪的要求；与闸门连接部分及动力、传力机械损坏严重，需要更换部件方能正常运行；洞体产生大量环向裂缝，纵向裂缝长少短多，渗漏增多，影响洞体稳定性
严重险情	闸门面板有轻微变形，不影响开启；钢丝绳或闸门起重链条有损坏，必须大修或更换，需大修后能正常运行；洞体产生局部环向裂缝，轻微渗漏，不影响洞体稳定性
一般险情	闸门周围结构轻微损坏，能够正常起落，无变形；钢丝绳或闸门起重链条略有损坏，但能正常使用，不需要大修；洞体无损坏，或少量裂缝产生，洞内无渗漏，不影响洞体稳定

4.2.8 溢洪道险情判别

溢洪道以控制段（闸门、启闭设施）、泄流段作为险情判别的主要对象，评级准则见表 4-8。

表 4-8   溢洪道险情评级准则

病险状态	评 级 标 准
溃坝险情	多数闸门变形严重，不能正常启闭，严重影响坝体的稳定性；启闭机械重要部分已严重损坏，无法正常控制闸门；消能防冲设施损坏严重，大面积碎裂，不能满足其消能防冲的要求
高危险情	少数闸门锈蚀，变形，起落困难，不能满足泄洪的要求；与闸门连接部分及动力、传力机械损坏严重，需要更换部件方能正常运行；溢洪道有大量裂缝、漏筋产生，一定面积已碎裂，影响水流正常下泄
严重险情	闸门面板有轻微变形，不影响启闭；钢丝绳或闸门起重链条有损坏，必须大修或更换，需大修后能正常运行；溢洪道有大量裂缝产生，有冲刷破坏倾向
一般险情	闸门周围结构轻微损坏，能够正常起落，无变形；钢丝绳或闸门起重链条略有损坏，但能正常使用，不需要大修；溢洪道泄流陡槽段无损坏，或少量裂缝，不影响其正常使用

4.2.9 其他破坏险情判别

其他破坏包括坝体防浪墙、水库的管理房、与外部联系的通信设施、监测设施、通往水库的道路设施等破坏作为险情判别的主要对象，评级准则见表 4-9。

表 4-9   其他破坏险情评级准则

病险状态	评 级 标 准
溃坝险情	防浪墙坍塌，已影响其稳定性，不能正常发挥其功能，需重修；通信已经中断，通信设施以及电力设施损坏，大量供电系统中断，需要大修才能使用；交通道路大面积破坏，局部被周围建筑物坍塌造成道路阻拦，影响技术人员以及机械的进入
高危险情	防浪墙裂缝长多短少，局部表面混凝土脱落，影响稳定性；通信设施已经中断，多处破坏，经过专业技术人员修理能够使用；监测设施损坏，经过专业人士修理能够继续使用，交通道路大面积损坏，重型车能够通过

续表

病险状态	评 级 标 准
严重险情	防浪墙裂缝长少短多，不影响其稳定性；通信设施已经中断，但经过简单处理，能够使用；监测设施精准度下降，影响其功能，但经过调整能够继续使用，交通道路局部损坏，不影响交通
一般险情	防浪墙无破坏，或轻微破坏，不影响其稳定性；管理房破损；通信设施无破坏，不影响其功能；监测设施无破坏或轻微破坏，精准度轻微下降，不影响其功能，交通道路无损坏或轻微破坏，不影响交通

4.2.10 综合判别

险情综合判别是在现场调查和资料分析的基础上，根据洪水险情、裂缝险情、坝体滑坡险情、渗漏险情、坝体沉陷险情、近坝岸坡险情、泄洪隧洞险情、溢洪道险情、其他破坏险情等险情判别的结果，对山洪易发区水库进行综合评价，评定水库险情级别。

水库险情分类的原则和标准如下：

（1）溃坝险情。以上各分项判别中一项满足溃坝险情，应评为溃坝险情。

（2）高危险情。以上各分项判别中一项满足高危险情，应评为高危险情。

（3）严重险情。以上各分项判别中一项满足严重险情，应评为严重险情。

（4）一般险情。不满足以上险情标准为一般险情。

4.3 山洪易发区水库险情判别的步骤和方法

山洪易发区水库险情判别主要分问询、现场检查、资料分析、应急处置和资料整理与上报 5 个步骤进行，见图 4-1。

1. 问询

成立水库险情检查组，检查组应召集水库管理人员了解水库出险情况、主要出险部位及当时采取的应急处理措施等，为下一步有

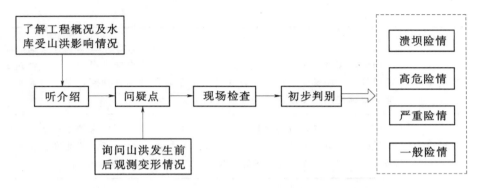

图 4-1 山洪易发区水库险情判别工作步骤

针对性开展险情排查工作奠定基础。

对无专门管理人员的小型水库的险情排查，应充分动员当地领导干部，找到水库周边或了解水库险情情况的群众进行询问，以尽快掌握情况和节约相应的工作时间。

2. 现场检查

问询工作结束后，重点对水库大坝、溢洪道、放水设施和附属设施进行检查。具体检查内容参考《土石坝安全监测技术规范》（SL 551—2012）和《混凝土坝安全监测技术规范》（SL 601—2013），现场检查表见附表3～附表9。

3. 资料分析

查阅水库基本资料和灾变前观测记录数据。如水库基本资料缺失，可以通过简单的测量和问询，进行大致了解。水库有变形、位移、渗漏观测设施的，要对其灾变前后监测记录数据进行查阅记录，必要时可对部分重要数据进行进一步分析。

4. 应急处置

根据现场检查的结果和资料分析，初步确定水库的险情级别，并告知水库管理单位相关注意事项及应急措施。水库下游坝坡或坝脚渗漏水量明显增大，可以根据出流点和出流范围、出流流量初步确定渗漏对坝体影响。对坝体产生滑坡、垮塌，坝体稳定性受影响的大坝，放水和溢洪设施受到损毁等情形，应初步确定险情级别，并建议采取的应急处理措施。

5. 资料整理与上报

根据现场检查情况，按要求制作检查图表及文字资料，重点上报水库基本情况、险情情况、当时采取的措施、有关建议等内容。对于水库险情级别不能肯定的，应进一步总结分析。

4.4 山洪易发区水库险情判别检查人员及设备

检查组应配备水工、地质、水文、机电、结构等方面的专家和工作人员，同时需要配备从事水库管理、设计、施工单位等人员，以及水库管理人员和当地群众配合。

主要设备除车辆，测量工具，锄头、铲子、绳子等工器具外，还必须配备手电筒、雨伞、食品和药品等后勤保障物资。

5　山洪易发区水库险情分类与判别实例

以山洪易发区某水库为例进行判别，根据资料该水库在山洪发生后出现的主要问题如下。

某水库为碾压式均质土坝，坝高 30.0m，坝长 1023.0m，坝顶高程 1840.00m，正常蓄水位 1832.90m，设计洪水位 1836.02m，校核洪水位 1838.64m，汛期限制水位 1832.80m，库容 4442 万 m³，为中型水库，工程等别Ⅲ等，主要建筑物 3 级，设计洪水标准 50 年一遇，校核洪水标准 1000 年一遇。

由于长时间暴雨形成山洪，库水位达到 1836.02m，大坝上游坝坡局部隆起，护坡混凝土块多处挤压隆起、分离或塌陷；大坝左右坝肩产生横向裂缝，缝宽 20mm 左右，以右坝肩为重，呈贯通状态；下游坝坡渗漏量增大，超过日常观测值；坝顶防浪墙出现裂缝，与坝体拉开；坝顶上游侧有纵向裂缝，大坝坝顶有明显沉降，坝顶向下游有位移；溢流堰整体损坏较轻，泄槽内杂草丛生，管理房围墙局部倒塌于泄槽左侧，泄槽右侧曾发生滑坡，堆积体已侵占约 1/3 泄槽宽度，管理房及围墙损毁。

根据该水库受损情况，采用本指南险情分类评判准则，根据表 4-1 库水位达到设计洪水位，属高危险情；根据表 4-2 大坝右坝肩、坝顶防浪墙及上游侧均产生裂缝，属溃坝险情；根据表 4-3 大坝坝顶有明显沉降、坝顶向下游有位移，泄槽右侧发生滑坡侵占约 1/3 泄槽宽度等，属溃坝险情；根据表 4-4 大坝下游坝坡渗漏量增大，属严重险情；根据表 4-5 坝顶有明显沉降，坝顶向上游有位移，属高危险情；根据表 4-6 泄槽右侧曾发生滑坡，属溃坝险情；根据表 4-7 泄洪隧洞未检查出明显缺陷，属一般险情；根据表4-8溢流堰整体损坏较轻，但泄槽被侵占约1/3，影响泄洪，属严重险情；根据表4-9其他破坏险情，管理房围墙倒塌，属严重险情，结合大坝裂缝、滑坡以及近坝岸坡三个方面评价均属于溃坝险情，综合评价该水库在山洪发生后存在溃坝险情，可供现场应急处置决策使用，见表5-1。

表 5-1   险 情 分 类 评 判 表

险情类别	判别依据	判别结果
洪水险情	表4-1	高危险情
裂缝	表4-2	溃坝险情
坝体滑坡	表4-3	溃坝险情
渗漏	表4-4	严重险情
坝体沉陷	表4-5	高危险情
近坝岸坡	表4-6	溃坝险情
泄洪隧洞	表4-7	一般险情
溢洪道	表4-8	严重险情
其他破坏	表4-9	严重险情

综合评价：溃坝险情

建议发生该险情后，水库应采取降低水位运行的临时措施，对存在上游面滑坡的险情，应控制水位降落速度，并在放水过程中加强对裂缝变化的监测。对下游面滑坡险情，应拓挖溢洪道和降低溢洪道堰顶高程，控制继续遭遇暴雨时的水库运行水位。对已发现的土坝裂缝，应尽快采取开挖回填黏土或覆盖塑膜封闭保护和灌浆处理，以防水力劈裂造成裂缝发展。对大坝或近坝库岸滑坡险情，可采取抛石固脚、削坡减载、排水等必要处置措施，并加强监测。对溢洪道和泄槽启闭设备损坏的，应进行修复或更换。

水库受损后应先组织人员进行现场检查，了解水库出险情况、主要出险部位；重点对大坝、溢洪道、放水设施等进行检查；结合水库观测数据进行监测数据分析，了解水库发生灾变后的基本情况；以本指南为依据确定水库险情级别并及时通知相关管理部门采取相应措施；处理完毕后上报水库基本情况、险情情况、当时采取的措施、有关建议等内容。

附　表

设计暴雨成果表

附表1

序号	流域代码	历时	均值 $\overline{H}$	变差系数 C_v	C_s/C_v	重现期雨量值 H_p				
						100年一遇 $H_{1\%}$	50年一遇 $H_{2\%}$	20年一遇 $H_{5\%}$	10年一遇 $H_{10\%}$	5年一遇 $H_{20\%}$
1		10min								
		1h								
		6h								
		24h								
		汇流时间 τ								
2		10min								
		1h								
		6h								
		24h								
		汇流时间 τ								
…		…								

附表 2　　小流域汇流时间设计暴雨时程分配表

序号	流域代码	时段长	时段序号	重现期时间雨量值				
				100 年一遇 $Q_{1\%}$	50 年一遇 $Q_{2\%}$	20 年一遇 $Q_{5\%}$	10 年一遇 $Q_{10\%}$	5 年一遇 $Q_{20\%}$
1								
2								
...		...						

附表 3　　　　现场安全检查基本情况表

水库名称	
检查日期	
天气情况	
检查时库水位/m	
检查时库容/m³	
检查人员	
发现的主要问题描述	

附表4 挡水建筑物现场检查情况表——土石坝

检 查 部 位			检查情况记录
挡水建筑物	坝顶	坝顶路面	
		坝顶排水设施	
		防浪墙	
	坝体	坝体填土	
		坝体外观形象面貌	
		上游护坡设施	
		上游垫层料	
		上游反滤料	
		上游排水设施	
		下游护坡设施	
		下游垫层料	
		下游反滤料	
		下游排水设施	
	坝基	上游坝基	
		下游坝基	
	坝肩	左坝肩	
		右坝肩	
	下游地面	排水沟	
		排水渠	
	近坝库岸	坝左库岸	
		坝右库岸	
	其他		

附表 5　　　挡水建筑物现场检查情况表
——混凝土坝与浆砌石坝

检　查　部　位			检查情况记录
挡水建筑物	坝顶	坝顶路面	
		坝顶排水设施	
		防浪墙	
	坝体	坝体混凝土或浆砌石	
		坝体外观形象面貌	
		上游坝面	
		下游坝面	
		上游反滤料	
		坝体排水设施	
		坝体内部廊道	
	坝基	上游坝基	
		下游坝基	
		坝基防渗帷幕	
		坝基排水	
	坝肩	左坝肩	
		右坝肩	
	下游地面	排水沟	
		排水渠	
	近坝库岸	坝左库岸	
		坝右库岸	
	其他		

附表 6　泄水建筑物现场检查情况表——溢洪道

检　查　部　位			检查情况记录
泄水建筑物	进水段	左岸边墙	
		右岸边墙	
		底板	
	控制段	左岸边墙	
		右岸边墙	
		闸墩	
		牛腿	
		底板	
		溢流堰体	
	闸门	拦污栅	
		检修闸门	
		检修门槽	
		工作闸门	
		工作门槽	
		通气孔	
	启闭设施	启闭房（塔）	
		启闭机	
		启闭控制设施	
		启闭电源	
		备用电源	
	泄槽段	左岸边墙	
		右岸边墙	
		底板	
	消能设施	挑流鼻坎	
		消力池	
		底板	
		消能跌坎	
	尾水	尾水渠道	
		下游河道	
	交通设施	工作桥	
		交通桥	
	岸坡	左岸边坡	
		右岸边坡	
	其他		

附表 7　　　泄水建筑物现场检查情况表
——溢（泄）洪隧洞

检　查　部　位			检查情况记录
泄水建筑物	进水段	左岸边墙	
		右岸边墙	
		底板	
	隧洞段	闸门井	
		洞顶部	
		洞壁两侧	
		洞底板	
	闸门	拦污栅	
		检修闸门	
		检修门槽	
		工作闸门	
		工作门槽	
		通气孔	
	启闭设施	启闭房（塔）	
		启闭机	
		启闭控制设施	
		启闭电源	
		备用电源	
	出口段	左岸边墙	
		右岸边墙	
		底板	
		消能设施	
	尾水	尾水渠道	
		下游河道	
	其他		

附表8 输（引）水建筑物现场检查情况表

检 查 部 位			检查情况记录
输（引）水建筑物	进水段	左岸边墙	
		右岸边墙	
		底板	
	隧（涵）洞段	闸门井	
		洞顶部	
		洞壁两侧	
		洞底板	
	闸门	拦污栅	
		检修闸门	
		检修门槽	
		工作闸门	
		工作门槽	
		通气孔	
	启闭设施	启闭房（塔）	
		启闭机	
		启闭电源	
		备用电源	
	出口段	左岸边墙	
		右岸边墙	
		底板	
		消能设施	
	尾水	尾水渠道	
		下游河道	
	其他		

附表 9　　　　　管理设施现场检查情况表

检　查　部　位			检查情况记录
管理设施	管理机构	机构组成	
		机构主管部门	
	管理队伍	行政管理人员	
		技术管理人员	
		管理制度类型	
		管理制度执行情况	
	水雨情测报设施	水情测报设施	
		雨情测报设施	
	安全监测设施	变形监测设施	
		渗流及渗漏量监测设施	
		应力应变监测设施	
		温度监测设施	
		地震监测设施	
		环境量监测设施	
		其他监测设施	
		监测资料整理分析情况	
	交通道路	防汛上坝公路	
		与外界联系交通道路	
	车辆、船只	办公车辆	
		防汛抢险车辆	
		防汛抢险船只	
	防汛抢险储备物资	土石料	
		木桩	
		钢丝（筋）	
		编织袋	
		防汛抢险照明	
		其他	

检 查 部 位			检查情况记录
管理设施	通信设施	固定电话	
		卫星电话	
		电台	
		移动电话	
	预报系统	上游预警设施	
		枢纽工程区警报设施	
		下游警报设施	
	供电及照明设施	枢纽工程区供电	
		枢纽工程区照明	
	维修养护设备及物资	维修养护设备	
		维修养护物资	
	调度运用计划	编制内容	
		培训	
	应急预案	编制内容	
		洪水风险图	
		有效性、可行性	
		宣传、培训及演练	
	运行、维护与监测手册（OMS）	编制内容	
		培训	
	其他		